SAICHANDRA REDDY ARRABELLY

BOL DE PISTON TOROÏDAL AVEC RAINURES TANGENTIELLES SUR LE MOTEUR CI

SAICHANDRA REDDY ARRABELLY

BOL DE PISTON TOROÏDAL AVEC RAINURES TANGENTIELLES SUR LE MOTEUR CI

ScienciaScripts

Imprint

Any brand names and product names mentioned in this book are subject to trademark, brand or patent protection and are trademarks or registered trademarks of their respective holders. The use of brand names, product names, common names, trade names, product descriptions etc. even without a particular marking in this work is in no way to be construed to mean that such names may be regarded as unrestricted in respect of trademark and brand protection legislation and could thus be used by anyone.

Cover image: www.ingimage.com

This book is a translation from the original published under ISBN 978-3-659-94594-6.

Publisher:
Sciencia Scripts
is a trademark of
International Book Market Service Ltd., member of OmniScriptum Publishing Group
17 Meldrum Street, Beau Bassin 71504, Mauritius
Printed at: see last page
ISBN: 978-620-3-34044-0

Copyright © SAICHANDRA REDDY ARRABELLY
Copyright © 2021 International Book Market Service Ltd., member of OmniScriptum Publishing Group

ÉTUDE EXPÉRIMENTALE D'UN BOL DE PISTON TOROÏDAL AVEC DES RAINURES TANGENTIELLES SUR UN MOTEUR À COMBUSTION INTERNE

SOMMAIRE

ABSTRACT

La diminution constante de l'offre d'essence dans le monde, la hausse des prix et l'augmentation rapide des émissions des véhicules à carburant fossile ont contribué à une recherche intense de carburants alternatifs pour remplacer le carburant diesel. Pour tous les véhicules lourds, des moteurs diesel à injection directe sont utilisés, les véhicules légers non seulement dans les secteurs de l'agriculture et des transports, mais même les moteurs stationnaires utilisent le pourcentage le plus élevé de carburants à base de pétrole et bénéficient donc d'un rendement thermique plus élevé par rapport à tous les autres moteurs. Cependant, le moteur diesel à injection directe émet de grandes quantités de toxines dangereuses pour l'atmosphère, telles que le CO, les HCU, les NOx, la fumée, etc. Pour remplacer le carburant diesel, il existe une large gamme de carburants de substitution disponibles en tant que carburants verts. Une option prometteuse pour l'utilisation dans les moteurs diesel peut être les huiles végétales, dont les propriétés sont similaires à celles du carburant diesel. Les principaux problèmes liés à leur utilisation dans les moteurs diesel sont la viscosité élevée et la faible volatilité de ces huiles végétales. La méthode de transestérification permettra de résoudre cette question. Le présent travail porte sur la spécification, l'étude et la fabrication d'un profil de bol de piston toroïdal avec des rainures tangentielles sur le dessus du piston sur le piston régulier d'un moteur diesel à chambre de combustion hémisphérique. Les caractéristiques de l'efficacité, de la combustion et des émissions doivent également être étudiées en utilisant du biodiesel.

CHAPITRE-1

INTRODUCTION

Le type de moteur qui transforme l'énergie chimique en énergie mécanique est un moteur à combustion interne. Le carburant se transforme en gaz lorsqu'il brûle, ce qui affecte le piston et le force à créer un mouvement réciproque. À l'aide d'une bielle, le mouvement alternatif du piston est alors converti en mouvement rotatif du vilebrequin. Les moteurs à combustion interne sont utilisés dans les moteurs marins, les locomotives, les avions, les véhicules et autres utilisations commerciales.

Un piston est une pièce de moteur à combustion interne à mouvement alternatif. C'est la partie mobile d'un cylindre, constituée de segments de piston étanches aux gaz. Dans un moteur, le but est de faire passer la force à travers une tige de piston du gaz en expansion dans le cylindre vers l'arbre de transmission.

La pression cyclique des gaz et les forces d'inertie en jeu sont supportées par le piston, et cette condition de fonctionnement peut provoquer des dommages dus à la fatigue du piston, tels que l'usure du côté du piston, les fissures de la tête du piston, etc.

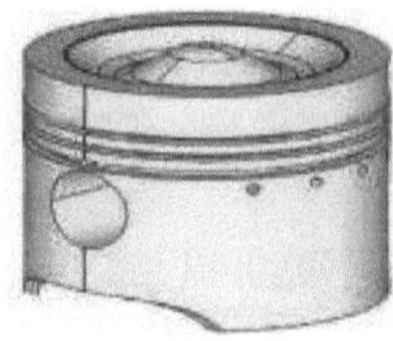

Figure 1 - Modèle de piston

Dans un moteur à combustion interne, le piston doit présenter les caractéristiques suivantes :

- Puissance pour résister à la pression du charbon.

- Le poids minimum doit être disponible.

- Il doit être capable de rendre la pareille avec un minimum de bruit.

- Doit avoir une surface d'appui suffisante pour réduire l'usure.

- Le gaz du haut doit être scellé et l'huile du bas.

- La chaleur générée lors de la combustion doit être répartie.

- Il doit avoir une forte résistance aux forces lourdes et aux fortes distorsions de température.

La conversion de chaleur a lieu dans le moteur en raison des variations de température, et des températures plus élevées vers les températures plus basses. Ainsi, pendant la course d'admission et la première partie de la course de compression, il y a un transfert de chaleur vers les gaz, mais le transfert de chaleur se fait des gaz vers les parois pendant les cycles de combustion et de détente. La tête, le segment et la jupe du piston doivent également avoir une rigidité suffisante pour résister à la déformation et au frottement entre les surfaces de contact. De plus, en tant que partie intégrante du moteur, l'état de fonctionnement du piston est étroitement lié à l'efficacité et à la longévité du moteur.

La contamination écologique est actuellement un problème intense pour notre population et la faune végétale. Notre situation actuelle se salit peu à peu à cause des rejets modernes et des émanations des véhicules de rue. Les moteurs à pétrole et les moteurs diesel ont créé diverses sortes de gaz dangereux pendant leur combustion, comme les NOx, le CO, le CO2, les HC et une certaine quantité de SOx, en raison de la qualité médiocre du carburant. Ces gaz sont émis par divers facteurs moteurs, par exemple le calcul de la cylindrée, le moment de l'infusion, la proportion de pression, etc. Tous ces facteurs influencent également la productivité de la combustion, l'utilisation du carburant et la puissance de freinage du moteur.

CHAPITRE 2

ANALYSE DE LA LITTÉRATURE

Pour l'usinage de pièces bimétalliques, on utilisait auparavant deux dispositifs distincts et deux limites de coupe différentes. En raison des différences régulières entre les dispositifs, la durée du processus est prolongée. Par la suite, il est nécessaire d'actualiser un instrument solitaire pour l'usinage des deux métaux. Pour l'instant, il n'y a guère d'écrits sur l'usinage et la respectabilité de la surface de ces segments bimétalliques. Le présent examen s'est efforcé d'aborder ces questions dans l'usinage des segments bimétalliques.

Le plan de qualité proposé à l'origine par Taguchi dans les années 1960 est largement appliqué en raison de l'amélioration constante de la nature de l'article (Chih Wei chang et chunpaokuo 2006). Au cours des dernières années, l'utilisation des examens planifiés dans l'assemblage et la conception des conditions du plan est progressivement devenue bien connue grâce à la présentation des réflexions du Dr G. Taguchi (Henry S. Lewandowski 1989). La stratégie de Taguchi basée sur une approche de plan vigoureux a créé une discipline d'amélioration de la qualité unique en son genre et étonnante qui contraste avec le cycle conventionnel (Roy R. 1990). Le plan vigoureux dépend de la méthode des essais sur le réseau. Le cadre exploratoire est constitué de grappes symétriques peu communes, ce qui permet de concentrer de manière productive l'impact simultané de quelques limites de cycle. La configuration des articles ou des cycles affecte grandement le cycle d'existence, le coût et la qualité (Tapan P. Bagchi 1993). La quantité de niveaux d'opportunité est déterminée à partir de la quantité de frontières reconnues et de leur nombre de niveaux de variété. De plus, Yang Y.H., Tang (1998) a utilisé l'exposition symétrique pour la proportion signe à clameur et l'examen du changement pour décider des limites de tranchage et pour localiser les limites fondamentales influençant le cycle de rotation en pensant à la durée de vie de l'appareil et à la dureté de la surface. Paulo davim et Antonio C.A.(2003) ont introduit un examen de l'impact de la vitesse de coupe, de l'avance et du temps de coupe dans le tournage des composites à treillis métallique. Benardos et Vosniakos (2002) ont introduit un modèle d'organisation neuronale pour la prévision des désagréments de surface. Afin de filtrer la zone d'attente, on utilise un ultra-son de qualité (Mark willcox 2003). Ravindra H.V et al (1993) ont étudié l'usure des instruments en fonction de la puissance de coupe sur l'activité de tournage. Les puissances de coupe créées lors de la coupe des métaux ont un impact sur l'âge thermique, l'usure ou la déception de l'appareil, la nature de la surface usinée et l'exactitude de la pièce (Sulemanyaldu 2006). Les mathématiques de mise en forme, la dureté de la pièce et l'alimentation ont le plus d'impact sur le pouvoir de coupe (Li Qian et Mohammad Robiul-Hossan 2007). L'usure de la face de l'appareil a été estimée en étudiant le trou en raison de l'activité du flux de copeaux le long de la face (Geoffrey Boothroyd 2005). WuyiChen (2006) a précisé que la puissance de coupe par poussée généralisée était la plus importante des trois parties de la puissance de coupe et la plus délicate pour les progressions du calcul de pointe et de l'usure de l'appareil lors de l'usinage d'acier de dureté moyenne avec un dispositif CBN. Mustafa Gunay et al (2006) ont distingué l'impact de la pointe du râteau sur le pouvoir de coupe. Il a été démontré que la puissance de coupe moyenne diminue au fur et à mesure que le point de coupe augmente.

CHAPITRE 3

LA CONCEPTION ET LA FABRICATION DU PISTON

3.1 PISTON

Le piston est considéré comme l'une des pièces principales d'un moteur de réponse dans lequel il aide à transformer l'énergie synthétique obtenue par l'allumage du carburant en une force mécanique (de travail) précieuse. La raison d'être du cylindre est de donner une méthode pour transmettre l'extension des gaz à la bielle motrice par l'intermédiaire de la barre d'association, sans perte de gaz par le haut ou d'huile par le bas.le piston est essentiellement une butée ronde et creuse qui monte et descend dans la chambre. Le piston est essentiellement une butée ronde et creuse qui monte et descend dans la chambre. Il est muni de bagues de cylindre pour assurer une bonne étanchéité entre le diviseur de la chambre et le cylindre.

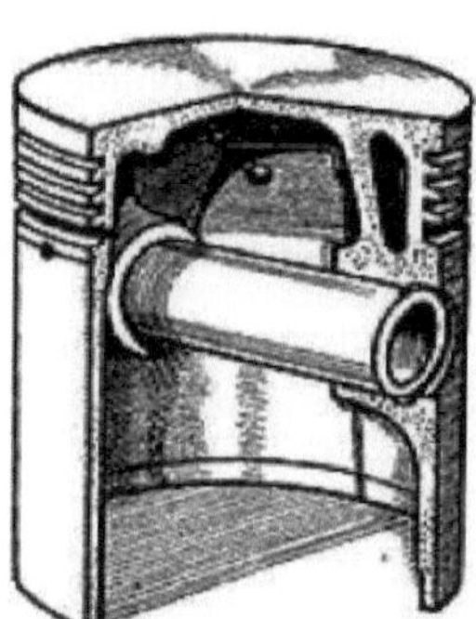

Figure 3.1-Piston de moteur à combustion interne, sectionné pour montrer l'axe du goujon.

Les cylindres sont projetés à partir de composés d'aluminium. Pour une meilleure qualité et une durée de vie plus longue, certains cylindres d'écumage peuvent être fabriqués, toutes choses égales par ailleurs. Les premiers cylindres étaient en métal massif, mais il y avait des avantages évidents pour le réglage du moteur si un composé plus léger pouvait être utilisé. Pour créer des cylindres capables de supporter les températures d'allumage du moteur, il était important de cultiver de nouveaux amalgames, par exemple, le composite Y et l'Hiduminium, explicitement destinés à être utilisés comme cylindres.

L'axe lui-même est en acier solidifié et est fixé dans le cylindre, mais il peut se déplacer dans la barre d'association. Certains plans utilisent un plan "complètement glissant" qui est libre dans les deux parties. Toutes les goupilles doivent être empêchées de se déplacer latéralement et les fermetures de la goupille doivent plonger dans le diviseur de la chambre, généralement par des circlips.

FONCTIONS

• Répondre dans la chambre comme un raccord étanche aux gaz, provoquant des tractions, des pressions, des extensions et des coups de fumées.

• Pour obtenir la poussée créée par le souffle du gaz dans la chambre et l'envoyer à la barre d'interface.

• Pour structurer un guide et un palier à la petite finition du poteau d'interface et pour prendre la poussée latérale à cause de l'obliquité du poteau.

3.1.1 LA CONSTRUCTION

Un cylindre est un raccord en forme de tonneau qui va ici et là dans la chambre du moteur. Il est ajouté à la petite finition de la barre d'association par des méthodes pour un axe de cylindre. Sa distance en travers est un peu plus modeste que celle de l'alésage de la chambre. L'espace entre le cylindre et le diviseur de la chambre est connu sous le nom de marge de manœuvre du cylindre.

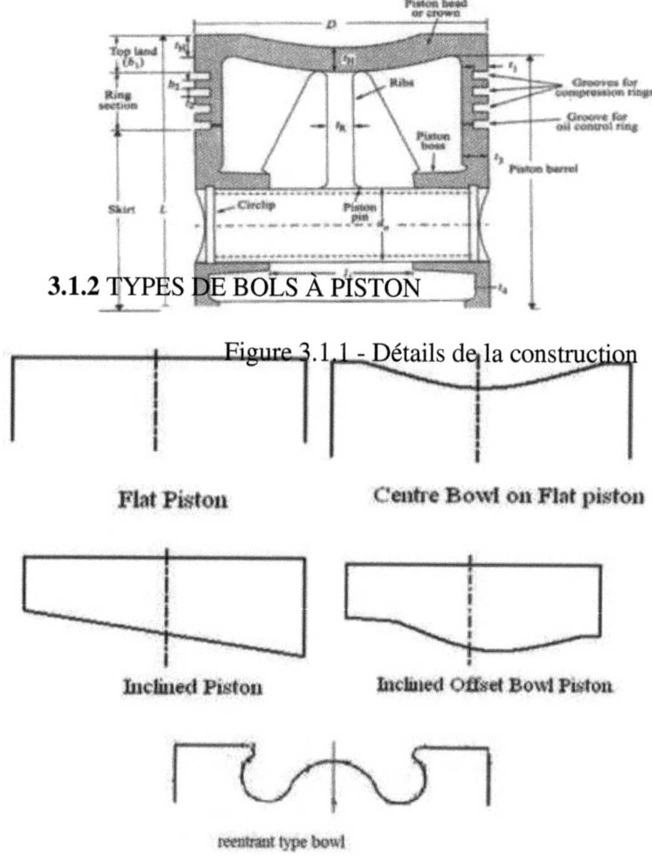

3.1.2 TYPES DE BOLS À PISTON

Figure 3.1.1 - Détails de la construction

Figure 3.1.2 - Types de bols à piston

Figure 3.2(a) - Diamètre de la gorge de la cavité du piston

3.2 PARAMÈTRES DE LA CUVETTE DU PISTON

A. Diamètre de la gorge

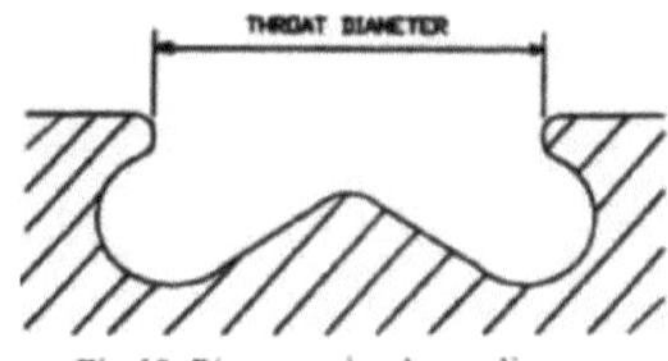

La largeur de la gorge est caractérisée par la distance à la base entre les bords du bol du cylindre, près de la face supérieure du cylindre. La proportion de la largeur de la gorge par rapport à la plus grande distance transversale du bol caractérise la mesure de la rentrée du plan du bol du cylindre. Le courant d'air à grande vitesse qui pénètre dans le bol et qui brûle le gaz hors du bol, produit d'énormes inclinaisons de température et des taux élevés de transfert de chaleur vers les surfaces supérieures du bol cylindrique. Le rebord du bol cylindrique est régulièrement la pièce la plus importante de la surface intérieure du bol cylindrique.

B. Diamètre maximal

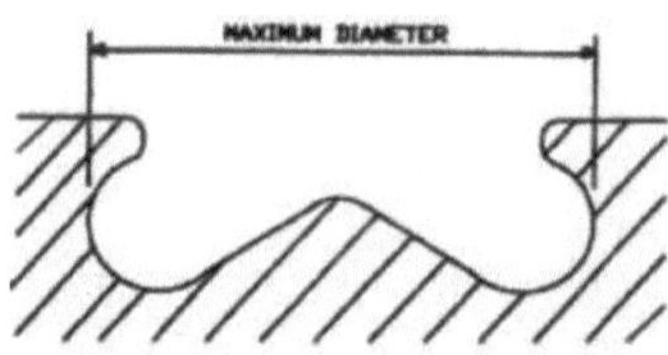

Figure 3.2(b)-Cavité du piston Diamètre maximal

La plus grande largeur du bol est caractérisée par la plus grande distance transversale correspondant à la face du cylindre en toute situation à travers une partie du bol du cylindre. La proportion de la plus grande largeur du bol par rapport à la profondeur du bol caractérise la proportion de la perspective du bol cylindrique. Le volume total du bol cylindrique, et de cette façon la proportion de pression, est généralement limité par la plus grande mesure du bol. C'est l'une des principales limites à fixer lors de la planification d'une autre forme de bol cylindrique.

C. Centralpipe

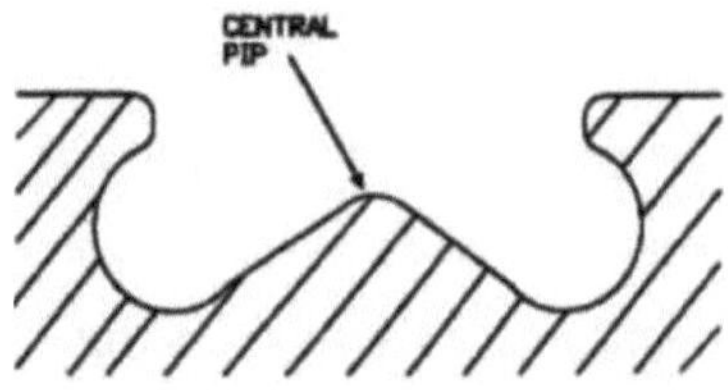

Figure 3.2(c)-Pipeline centrale de la cavité du piston

Le tube focal est utilisé pour impliquer un volume au centre du bol cylindrique, où la vitesse de l'air est faible. La faible vitesse de l'air au centre du champ d'écoulement tourbillonnaire provoque des taux de mélange de l'air et du carburant sans défense. Le focal pip a permis de réarranger ce volume plus loin du centre du virage, entraînant une vitesse moyenne du vent plus élevée et un meilleur mélange air-carburant.

D. Profondeur

Figure 3.2(d) - Cavité du piston Profondeur

La profondeur du bol du cylindre est caractérisée comme la plus grande profondeur de l'essence du cylindre, à la partie inférieure du balayage toroïdal fondamental (dans les plans de bols traditionnels). La profondeur la plus extrême du bol est fermement liée à la nécessité de donner une profondeur spécifique au territoire d'impact des éclaboussures, et est souvent compensée par le volume impliqué par le cylindre.

E. Rayon toroïdal principal

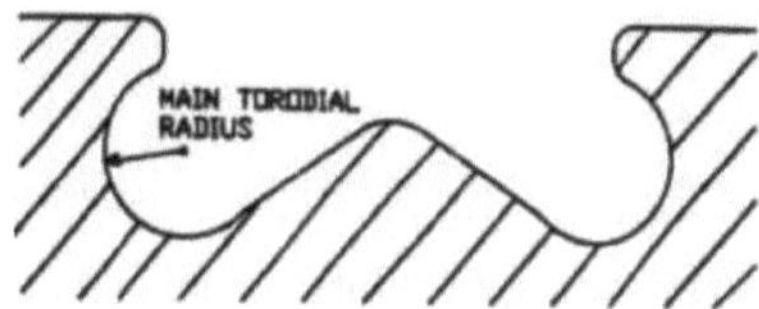

Figure 3.2(e) - Rayon torique de la cavité du piston

La majorité de la combustion se produit dans le volume du rayon toroïdal principal.

F. ImpingementArea

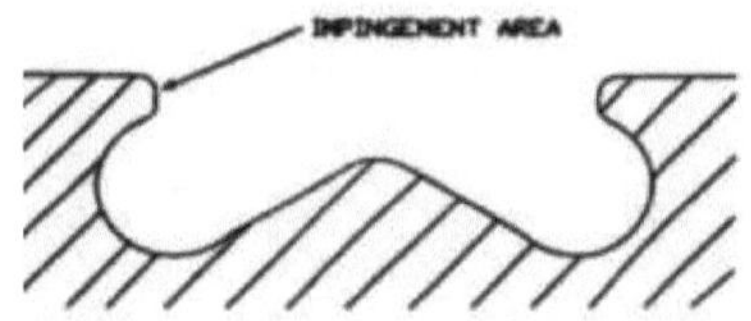

Figure 3.2(f) - Cavité du piston Zone d'impact

La zone le long du bord du bol cylindrique où le carburant à grande vitesse empiète pendant l'infusion est connue sous le nom de région d'impact. La zone d'impact est généralement critique dans les premières phases de l'infusion et de l'allumage du carburant. Elle peut influencer le report du démarrage et le rythme de montée en puissance, en contrôlant la somme et l'organisation de la combinaison air-carburant prévue pour la combustion d'introduction.

3.3 SONNERIES DE PISTON

Les segments de piston sont placés dans les rainures du cylindre pour assurer une grande étanchéité entre le cylindre et le diviseur de chambre.

Capacités :

• Pour prévenir le déversement des gaz emballés et s'étendant sur la bouteille dans le carter.

• Pour contrôler et donner le graissage de l'huile entre la jupe du cylindre et les diviseurs de chambre.

• Pour empêcher le passage de l'huile de graissage du carter à la chambre d'allumage au-dessus de la culasse.

• Prévenir le stockage de carbone et de différents matériaux (matière) sur la culasse provoqué par la consommation de graisse.

• Pour permettre une transmission simple de la chaleur du cylindre aux diviseurs de chambre.

MATERIAUX

Les anneaux de cylindre sont fabriqués en fonte d'amalgame à grain fin. Ce matériau possède une chaleur étonnante et s'use en quantités opposées. La flexibilité de ce matériau est en outre suffisante pour influer sur l'extension et la pression, qui sont essentielles pour le rassemblement et l'expulsion de l'anneau.

SONNERIES DE PISTON :

Il existe deux sortes d'anneaux cylindriques.

- Anneaux de compression ou Gasrings.

- Les anneaux de contrôle du pétrole ou Oil controllingrings.

3.3.1 ANNEAUX DE COMPRESSION

Les anneaux de pression assurent l'étanchéité du mélange de carburant lorsqu'il est compacté et, de plus, la pression d'allumage lorsque la combinaison se consume. Les deux principaux anneaux sont appelés anneaux de pression Fig (3.11). Ils préviennent le déversement des gaz qui sont comprimés, de la chambre de combustion au carter. La figure montre la classification de l'anneau de cylindre (anneau de pression).

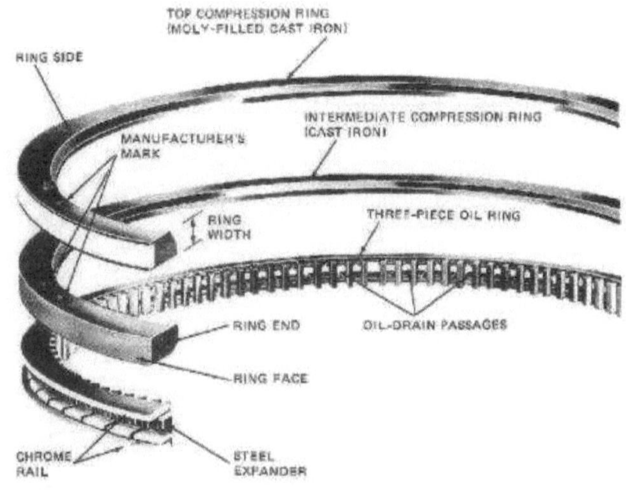

Figure 3.3.1(a) - Nomenclature des segments de piston

Figure 3.3.1(b) - Segments de piston

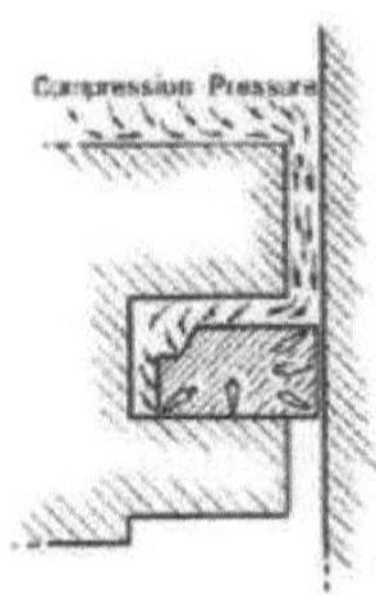

Figure 3.3.1(c)-Function of compression ring

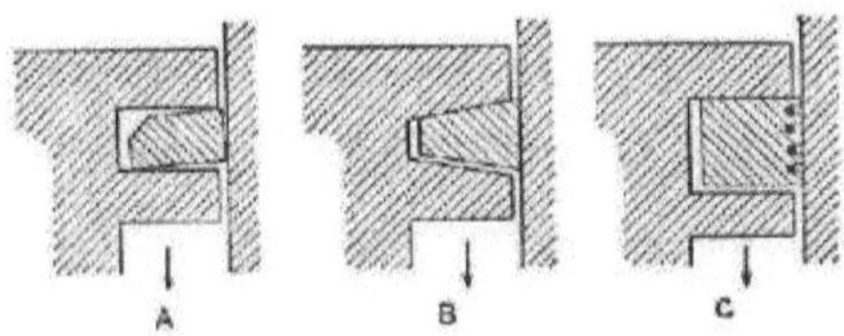

Figure 3.3.1(d) - Types de sections transversales des anneaux de compression.

3.33 Stress dans le piston :

En supposant du matériel en fonte : E = 100 GPa

Largeur de l'anneau =0,002m

Profondeur de l'anneau =0,002m

Rayon de l'anneau libre environ = 36mm

Espace libre entre les anneaux = 6 mm environ

Angle sous-tendu au centre de l'anneau par l'écart = 6/36 = 0,16666radians

En commençant par l'équation de flexion :

Puis l'intégration :

Longueur du faisceau = 0,09n m

En remplaçant cette longueur par x

0,22 EI = 0,09 M

À ce moment-là, la pression la plus extrême dans l'anneau est de 113 MPa. La façon dont l'anneau enveloppe la zone de la chambre nous permet de déduire que la qualité la plus extrême exécutée par le cylindre est équivalente à 113 MPa. Ayant des inquiétudes au sujet des anneaux dans le cylindre, nous nous attendions à ce que la pression agissant dans les anneaux s'approche de la même sur le territoire de surface du cylindre à la lumière de la résilience exceptionnellement faible entre la chambre et les anneaux du cylindre, et donc le poids fait par le gaz et l'air pendant l'allumage à un certain moment statique est la puissance qui suit sur la tige du cylindre.

3.3.4 ANNEAUX DE CONTRÔLE DU PÉTROLE

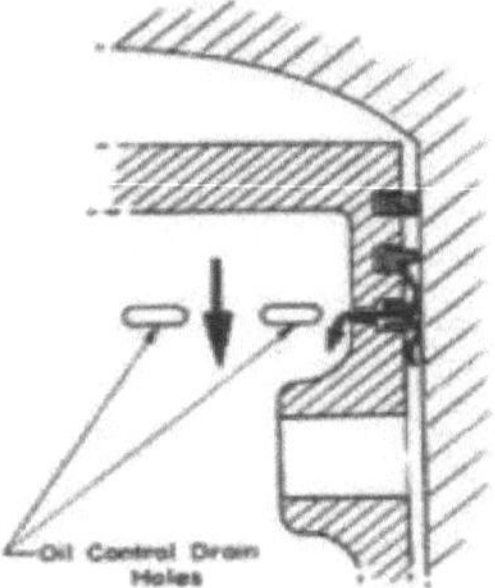

Figure 3.3.4 - Fonctionnement des anneaux de contrôle du pétrole

Les bagues de contrôle de l'huile grattent l'huile inutile du diviseur de la chambre et la renvoient dans la poêle à huile. Certaines barres d'interface sont munies d'une ouverture pour l'huile qui permet de répartir l'huile de la poêle à huile sur le diviseur de chambre à chaque insurrection du maneton, car la quantité d'huile qui arrive sur le diviseur de chambre est plus importante que nécessaire. Cette partie doit être grattée et ramenée à la poêle à huile. Sinon, elle ira dans la chambre d'allumage et se consumera. L'huile consommée encrasserait la bougie d'allumage et augmenterait le risque de coup de poing. L'anneau de contrôle de l'huile en fonte, ouvert d'une seule pièce, comporte des ouvertures entre les faces supérieure et inférieure qui s'appuient sur le diviseur de la chambre. L'huile grattée sur le diviseur de chambre passe par ces espaces à l'arrière des rainures du segment d'huile dans le cylindre et, à partir de ce point, elle revisite le réservoir d'huile.

Figure 3.4.1(b) - Axe de piston

3.4.2 MATERIAUX

Les matériaux utilisés pour la chambre sont principalement des combinaisons d'aluminium. La fonte est utilisée de la même manière que la chambre, car elle possède des caractéristiques d'usure étonnantes et est capable de se dilater. Quoi qu'il en soit, compte tenu de la diminution du poids, l'utilisation de l'aluminium pour la chambre était essentielle. Pour obtenir une qualité identique, une épaisseur de métal plus importante est indispensable. De cette manière, une partie du gain potentiel du métal léger est perdue. L'aluminium est en dessous de la moyenne par rapport à la fonte en termes de qualité et d'usure et nécessite donc plus d'espace dans la chambre pour éviter les risques de saisie.

La chambre fabriquée par le mélange d'aluminium y fait moins de forces de paresse en faisant tourner encore plus la barre d'entraînement sans aucun problème. La conductivité lumineuse de l'aluminium est trois fois plus élevée que celle de la fonte, ce qui, associé à une épaisseur plus importante, essentielle pour la qualité, permet à un composite de chambre en aluminium d'avoir des fièvres beaucoup plus faibles que la fonte. De la même manière, l'huile carbonisée ne se forme pas sur la face inférieure de la chambre et le boîtier de la clé reste propre pour chaque situation. La SAE a proposé la thèse de la continuité.

SAE 300 : mélange d'aluminium résistant à la chaleur avec l'association, Cu 5,5 à 7,5 %, Fe 1,5 %, Si 5,0 à 6,0 %, Mg 0,2 à 0,6 %, Zn 0,8 %, Ti 0,2 %, divers éléments 0,8 %.

Points focaux :

- Maintenir les propriétés mécaniques à température élevée

- Conductivité thermique environ 4,4 fois celle de la fonte

- Gravité spécifique 2,89

SAE 321 : Alliage à faible développement ayant l'arrangement suivant : Cu 0,5 à 1,5 %, *Fe 1,*3 %s Si 11 à 13 %, Mn 0,1 %, Mg 0,7 à 1,3 %, Zn 0,1 %, Ti 0,2 %, Ni 2 à 3 %, éléments différents 0,05 %.

Y-Allov il est également appelé amalgame d'aluminium 2285. Ce composite se distingue par sa qualité à des températures élevées, comme celles utilisées pour les têtes de chambre. La synthèse de Cu 4 %, Ni 2 % et Mg 1,5%.

3.6.2 DÉSIGNATION DU BOL DU PISTON

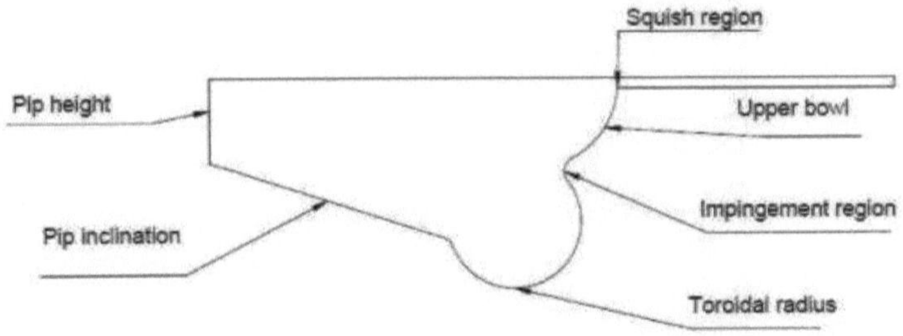

Figure 3.6.2- Paramètres géométriques de la cavité du piston

3.7 PROCÉDURE DE CONCEPTION INCATIA

- CATIA est l'utilisation de systèmes informatiques pour aider à la création, la modification, l'analyse ou l'optimisation d'une conception. Le logiciel CATIA est utilisé pour augmenter la productivité du concepteur, améliorer la qualité de la conception, améliorer la communication par la documentation et créer une base de données de fabrication.
- Croquis selon les dimensions données.
- Nous faisons tourner la commande de l'arbre
- Ajoutez du plan à l'arbre et donnez du pignon.
- Dessinez un croquis de la face avant de la rainure (piston).
- Utilisez la commande de l'arbre/coupe/révolution.
- Sélectionnez la vue de dessus pour l'extrusion d'un arbre interne coupé à l'aide de la commande de poche.
- Sélectionnez le croquis de la vue de côté pour le groovecut de la tête du piston.

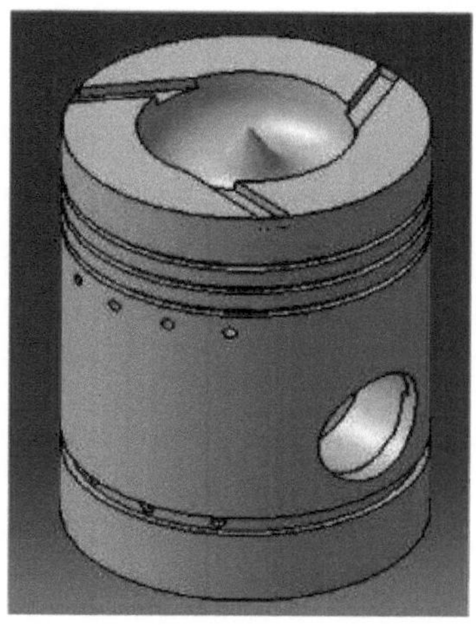

Fig 3.7- Conception de Catia

3.7.1 MODIFICATION DU PISTON STANDARD

Dans ce piston nous allons modifier le piston en trois rainures tangentielles a été fait sur la surface supérieure du piston et aussi de concevoir la forme toroïdale sur le bol du piston et une légère augmentation du diamètre du bol du piston sur le piston standard. les rainures tangentielles rendent le mélange homogène de l'air et du carburant pendant la combustion en augmentant le tourbillon dans la chambre de combustion et l'augmentation du diamètre du bol de diminuer le taux de compression et son effet sur la réduction des émissions sont observés.

Figure 3.7.1 - Piston standard

3.7.2 SOUDAGE

L'aluminium et ses alliages sont couramment soudés et brasés dans l'industrie par diverses méthodes. Comme prévu, ils présentent leurs propres exigences pour que le joint soudé soit un succès. Le soudage des alliages d'aluminium n'est pas plus difficile ou compliqué que le soudage de l'acier - il est simplement différent et nécessite une formation spécifique. L'aluminium et ses alliages sont faciles à souder, mais leurs caractéristiques de soudage doivent être comprises et les procédures appropriées doivent être employées.

3.7.3 L'ALLIAGE D'ALUMINIUM

L'aluminium n'est pas un simple matériau, mais une famille d'alliages variés regroupés selon les éléments d'alliage ajoutés et qui offrent la meilleure combinaison de propriétés pour une application particulière. Les exigences en matière d'alliage peuvent comprendre la résistance mécanique, l'amélioration de la résistance à la corrosion, et la ductilité, la facilité de soudage, la formabilité ou des combinaisons de certaines de ces propriétés.

3.7.4 PROCÉDÉ DE SOUDAGE DE L'ALUMINIUM

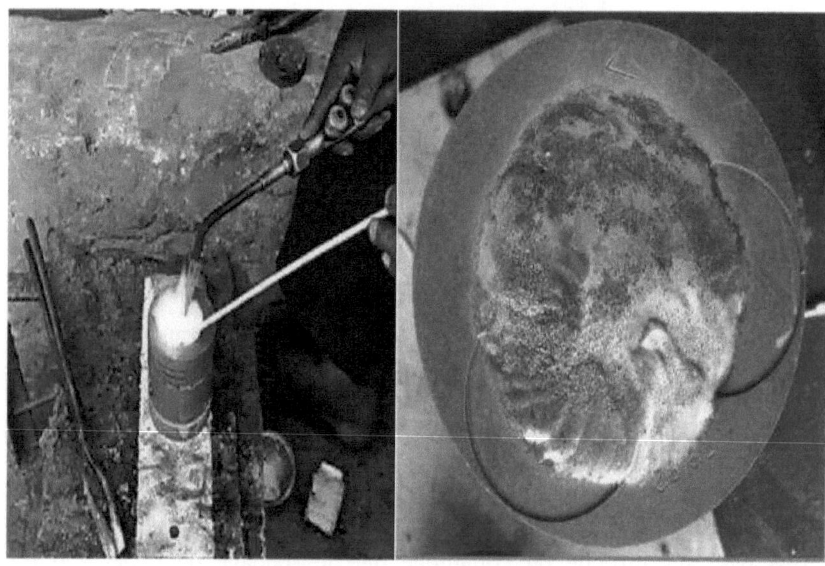

Figure 3.7.4(a)-Piston soudé pendant la soudureFigure 3.7.4(b)-Piston soudé

3.8 LATHEMACHINING

L'usinage est un terme utilisé pour décrire un assortiment de mesures d'évacuation de la matière dans lesquelles un appareil de coupe élimine la matière indésirable d'une pièce pour lui donner la forme idéale. La pièce est normalement découpée à partir d'une plus grande partie du stock, qui est accessible dans un assortiment de formes standard, par exemple, des feuilles de niveau, des barres solides, des cylindres vides et des piliers moulés. L'usinage peut également être effectué sur une pièce courante, par exemple, un projet ou une production. Les pièces qui sont usinées à partir d'une pièce préformée sont généralement cubiques ou rondes et creuses dans leur forme générale, mais leurs caractéristiques individuelles peuvent être très imprévisibles. L'usinage peut être utilisé pour réaliser un assortiment de points saillants, y compris des ouvertures, des espaces, des poches, des surfaces planes et même des formes de surface complexes. De même, si les pièces usinées sont régulièrement en métal, pratiquement tous les matériaux peuvent être usinés, y compris les métaux, les plastiques, les composites et le bois. C'est pourquoi l'usinage est souvent considéré comme la mesure d'assemblage la plus connue et la plus flexible.

En tant que mesure d'expulsion de la matière, l'usinage n'est pas, par nature, la décision la plus abordable pour une mesure d'assemblage essentielle. La matière, qui a été payée, est enlevée et éliminée pour accomplir la dernière partie. En outre, malgré les faibles coûts de l'agencement et de l'outillage, de longues périodes d'usinage peuvent être nécessaires et, de cette façon, limiter les coûts pour des montants énormes. Par la suite, l'usinage est fréquemment utilisé pour des montants limités, comme dans la création de modèles ou d'outils personnalisés pour d'autres mesures d'assemblage. En outre, l'usinage est généralement utilisé comme un cycle optionnel, dans lequel des matériaux insignifiants sont éliminés et la durée du processus est courte. En raison de la grande résilience et de la finition de surface qu'offre l'usinage, il est régulièrement utilisé pour ajouter ou affiner des points de précision à une pièce courante ou pour lisser une surface jusqu'à une finition.

Comme indiqué ci-dessus, l'usinage comprend un assortiment de cycles qui éliminent chacun la matière d'une pièce ou d'un élément sous-jacent. Les mesures d'expulsion de la matière les plus connues, parfois évoquées comme un usinage habituel ou conventionnel, sont celles qui permettent d'éliminer avec précision de petits copeaux de matière à l'aide d'un instrument pointu. Les cycles d'usinage non traditionnels peuvent utiliser des méthodes d'élimination de la matière par la substance ou par la chaleur. Les mesures d'usinage régulier sont souvent classées en trois catégories : usinage à un seul point, usinage à plusieurs points et usinage à grille. Chaque cycle de ces classifications est extraordinairement caractérisé par le type d'appareil de coupe utilisé et le mouvement global de cet instrument et de la pièce à usiner. Dans tous les cas, à l'intérieur d'un cycle donné, un assortiment de tâches peut être exécuté, chacune utilisant un type particulier de matériel et de mouvement de coupe. L'usinage d'une section nécessite régulièrement un assortiment d'activités qui se succèdent avec soin pour obtenir les caractéristiques idéales. L'usinage est un terme utilisé pour décrire un assortiment de mesures d'évacuation de la matière dans lesquelles un instrument de coupe élimine la matière indésirable d'une pièce pour créer la forme idéale. La pièce est normalement découpée dans une plus grande partie du matériau.

Figure 3.8 - Machine à tour

3.9 BOL DE PISTON TOROÏDAL MODIFIÉ AVEC TANGENTIEL RAINURES SUR LA COURONNE DE PISTONS

Dans un piston modifié, trois rainures tangentielles ont été réalisées sur la surface supérieure du bol toroïdal du piston et le diamètre du bol du piston a légèrement augmenté. Les rainures tangentielles permettent un mélange homogène de l'air et du carburant pendant la combustion en augmentant le tourbillon dans la chambre de combustion et l'augmentation du diamètre du bol diminue le taux de compression et on observe son effet sur la réduction des émissions. Les rainures ont été faites pour obtenir l'augmentation de l'intensité du tourbillon pour un meilleur mélange du combustible et de l'air. L'augmentation de l'efficacité et la réduction des émissions ont été obtenues en améliorant l'effet de tourbillon dans le cylindre. Le mouvement tourbillonnaire peut avoir un effet significatif sur le mélange air-carburant, la combustion, le transfert de chaleur et les émissions. Les rainures tangentielles pratiquées sur la tête du piston ont un effet significatif sur le mouvement du flux d'air dans le bol du piston, lorsque le piston s'approche du point mort haut, ce qui a pour conséquence d'augmenter le taux d'évaporation, le mouvement de tourbillon du carburant et de l'air et l'efficacité de la combustion. Cela augmente les niveaux de turbulence dans le bol de combustion, ce qui favorise le mélange et l'évaporation du carburant.

Figure 3.9 - Piston à rainures tangentielles

La profondeur de la rainure tangentielle est maintenue constante à 3 mm. La largeur de la rainure est de 6,5 mm.

ANALYSE DU CAD &CATIA

3.9.1 CONCEPTION ASSISTÉE PAR ORDINATEUR (CAO)

La conception assistée par ordinateur est l'utilisation de cadres PC pour aider à la création, au changement, à l'examen ou à l'avancement d'un plan. La programmation de la conception assistée par ordinateur est utilisée pour accroître la rentabilité de l'auteur, améliorer la nature de la configuration, améliorer les échanges par la documentation et constituer une base d'informations pour l'assemblage. Le rendement de la conception assistée par ordinateur se présente régulièrement sous forme de documents électroniques pour l'impression, l'usinage ou toute autre activité d'assemblage

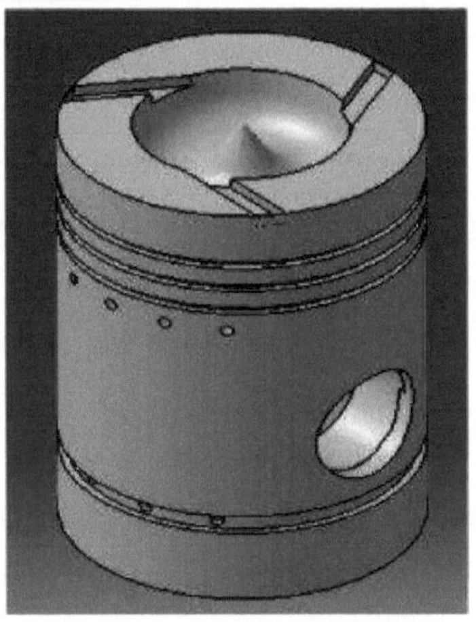

Figure 3.9.1(a) - Conception du piston en catia

3.9.2 ANSYS

ANSYS est une programmation largement utile, utilisée pour recréer les connexions de tous les contrôles de la science des matériaux, des auxiliaires, des vibrations, des éléments liquides, des mouvements thermiques et électromagnétiques pour les ingénieurs. Ainsi, ANSYS, qui permet de reconstituer des essais ou des conditions de travail, permet de tester dans un climat virtuel avant d'assembler des modèles d'articles. En outre, il est possible de décider et d'améliorer les points faibles, de traiter la vie et de prévoir des problèmes plausibles grâce à des reproductions en 3D dans un climat virtuel.

La programmation d'ANSYS, avec sa structure isolée comme celle du tableau ci-dessous, offre une porte ouverte pour prendre les points forts nécessaires. ANSYS peut travailler en coordination avec d'autres programmes de conception utilisés sur la zone de travail en ajoutant des modules d'association CAD et FEA. ANSYS peut importer des informations de CAO et permet en outre de faire des calculs mathématiques grâce à ses capacités de "préparation". Essentiellement dans un préprocesseur similaire, un modèle à composants limités (alias travail) nécessaire au calcul est produit. Après avoir caractérisé les chargements et effectué des recherches, les résultats peuvent être considérés comme mathématiques et graphiques. ANSYS peut faire des recherches avancées de conception rapidement, en toute sécurité et à toutes fins utiles grâce à son assortiment de calculs de contact, de mises en évidence d'empilement basées sur le temps et de modèles de matériaux non linéaires.

3.9.3 ANSYS MÉCANIQUE

ANSYS Mechanical est un outil d'analyse par éléments finis pour l'analyse structurelle, y compris les études linéaires, non linéaires et dynamiques. Ce produit de simulation informatique fournit des éléments finis pour modéliser le comportement, et prend en charge les modèles de matériaux et les solveurs d'équations pour un large éventail de problèmes de conception mécanique. ANSYS Mechanical comprend également des capacités d'analyse thermique et de physique couplée impliquant des analyses acoustiques, piézoélectriques, thermiques structurelles et thermoélectriques

3.9.4 Création d'un modèle 3D de piston à bol torique à l'aide deANSYS

Voici la séquence des étapes dans lesquelles le piston est modélisé :
• Premièrement, des points clés sont générés.
• Une ligne droite est tracée à travers les points clés pour former une demi-portion du piston.
• Les filets sont appliqués en angle.
• La commande de zone est appliquée pour générer la moitié de la surface du piston.
• La commande d'extrusion est appliquée pour générer le volume du piston.
• Enfin, le trou est créé.

BIENS MATÉRIELS

- Le piston est constitué d'un alliage d'aluminium coulé. La propriété matérielle du piston supposée dans l'analyse est indiquée dans le tableau.

SL.NO.	PARAMÈTRE	VALEUR	UNIT
1	Le module de	0.7x105	Mpa
2	Ratio de Poisson	0.35	-
3	Densité	2700	Kg/m3

LES CONDITIONS LIMITES

Les conditions limites suivantes sont prises en compte pour l'analyse thermique. Ces conditions sont le flux thermique total et la température maximale. La température maximale appliquée sur le dessus du piston est de 275°C et le flux thermique total sera de 2,2232 W/m2.

CHAPITRE 4

PRÉPARATION DU BIODIESEL

4.1 BIO-DIESEL

Le biodiesel est un carburant diesel non pétrolier qui comprend des esters monoalkyliques de graisses insaturées à longue chaîne provenant de sources lipidiques durables (par exemple, huile végétale, graisse de créature).

4.1.1 UTILISATION DIRECTE ET MÉLANGE D'HUILES

L'utilisation des huiles végétales comme carburants de substitution existe depuis 1900, lorsque l'inventeur du moteur diesel, le Dr Rudolph Diesel, a testé pour la première fois l'huile d'arachide dans son moteur à compression. L'utilisation directe des huiles végétales dans les moteurs diesel est problématique et présente de nombreux défauts inhérents. Elle n'a fait l'objet de recherches approfondies que depuis une vingtaine d'années, mais elle est expérimentée depuis près de 100 ans. Les huiles végétales brutes peuvent être mélangées directement ou diluées avec du carburant diesel pour en améliorer la viscosité, afin de résoudre les problèmes liés à l'utilisation d'huiles végétales pures à viscosité élevée dans les moteurs à allumage par compression.

PROPRIÉTÉS	PROBLÈMES
Viscosité	La forte interférence de la viscosité avec le processus d'injection, la mauvaise atomisation du carburant, la forte volatilité du flux de viscosité provoquent un mauvais démarrage à froid du moteur et un retard d'allumage. De plus, elle entraîne un épaississement et une gélification.
Cloud point, pour point	Les performances du carburant sont compromises dans des conditions de température froide
Numéro QçWS	Un indice g.Ol.S faible implique un long délai d'allumage, une température d'allumage automatique élevée et un cognement du diesel
Combustion	Le mélange inefficace du pétrole avec l'air entraîne une combustion incomplète
Point d'éclair	Un point d'éclair élevé permet de réduire les caractéristiques de volatilité
Gamme de distillation	La présence de composants à point d'ébullition élevé affecte le degré de formation de dépôts de combustion solides, importants pour l'échauffement du moteur au démarrage
Résidus de carbone	La stabilité thermique limitée des huiles végétales partiellement insaturées et les caractéristiques de volatilisation plus faibles entraînent une plus grande formation de dépôts, la carbonisation des bandes d'injecteurs, l'étouffement et la formation de trompettes sur les injecteurs, le collage des bagues et la dégradation de l'huile dc lubrification
Oxydant stabilité	La polymérisation oxydative et thermique provoque des dépôts sur les injecteurs
Fonctionnement à long terme	Développement du gommage, de l'étouffement des injecteurs, du tic-tac des segments, de la défaillance de l'huile de lubrification des moteurs due à la polymérisation et à la détérioration de l'huile moteur

Tableau 1 - Propriétés des huiles et leurs effets sur l'utilisation directe

L'utilisation de l'énergie, avec l'utilisation d'huiles végétales pures, s'est avérée être semblable à celle du diesel. L'utilisation directe des huiles végétales et, en outre, l'utilisation de mélanges d'huiles végétales sont généralement considérées comme inacceptables et déraisonnables, tant pour les moteurs diesel directs que pour les moteurs diesel de circuit. La consistance élevée, l'organisation corrosive, les matières grasses insaturées libres, tout comme le développement des gommes en raison de l'oxydation et de la polymérisation pendant le fonctionnement et la combustion, les réserves de carbone et le graissage de l'épaississement de l'huile sont des problèmes évidents. Le réchauffement et le mélange d'huiles végétales peuvent diminuer la consistance et améliorer l'instabilité des huiles végétales, mais leur structure atomique reste inchangée, et leur caractère polyinsaturé demeure. L'utilisation d'huiles végétales dans les moteurs diesel nécessite des ajustements critiques du moteur, y compris le changement des matériaux de développement des canaux et des injecteurs. Dans tous les cas, les occasions de fonctionnement du moteur sont réduites, les coûts d'entretien sont augmentés en raison d'une usure plus importante, et la menace de déception du moteur est accrue.

4.2 AVANTAGES DU BIODIESEL

Une partie des avantages de l'utilisation du biodiesel comme carburant diesel sont

• Comme le carburant renouvelable qu'elle a acquis à partir d'huiles végétales ou de graisses animales.

• Moins de nocivité, en corrélation avec le gazole.

-Dégrade plus rapidement que le carburant diesel, limitant ainsi les conséquences environnementales des déversements de biocarburants.

-Faible écoulement des impuretés : CO, émission de particules, hydrocarbures polycycliques parfumés, aldéhydes.

• Moins de risques pour le bien-être, en raison de la diminution des rejets de substances cancérigènes.

• Pas d'émanation de dioxyde de soufre (SO2).

• Point de stries plus élevé (100°C minimum).

-peut être mélangé avec du carburant diesel dans n'importe quelle mesure, c'est-à-dire que les deux énergies peuvent être mélangées pendant le carburant gracieusement aux véhicules.

• D'excellentes propriétés comme agréables.

• C'est le principal carburant facultatif qui peut être utilisé dans un moteur diesel ordinaire, sans réglage.

• Les huiles de cuisson usées et les dépôts de graisse provenant de la préparation de la viande peuvent être utilisés comme matières premières.

•

4.2.1 INCONVÉNIENTS DU BIODIESEL

L'utilisation du biodiesel comme carburant de substitution au diesel présente des faiblesses évidentes qui doivent être prises en compte :

• Débit d'oxyde nitreux (NOx) légèrement supérieur à celui du gazole.

• Utilisation de carburant légèrement plus élevée en raison de l'estimation calorifique inférieure du biodiesel.

• Le point de solidification est plus élevé que celui du carburant diesel. Cela peut être gênant dans les atmosphères froides.

• Il est moins stable que le carburant diesel et, par conséquent, la capacité à long terme (plus de six mois) du biodiesel n'est pas suggérée.

• Peut dégrader le plastique et les joints et tuyaux élastiques normaux lorsqu'ils sont utilisés dans une structure non altérée, auquel cas ils sont remplacés par des segments de téflon.

• Il brise les réserves de limon et de différentes toxines du diesel dans les réservoirs et les conduites de carburant, qui sont alors évacués par le biocarburant dans le moteur, où ils peuvent salir les soupapes et les cadres de perfusion. En conséquence, il est suggéré de nettoyer les réservoirs avant de les remplir de biodiesel. Il faut noter que ces obstacles sont essentiellement réduits lorsque le biodiesel est utilisé dans des mélanges avec du diesel.

4.3 MAHUAOIL

L'huile de mahua raffinée que nous produisons est préparée à partir du produit organique naturel de mahua que l'on trouve habituellement dans les forêts. Les fleurs de mahua qui donnent l'huile de mahua pure sont des matières premières acceptables pour la fabrication d'éthanol avec un effort exceptionnellement minime. Les graisses insaturées supplémentaires et libres utilisées de l'huile de mahua sont utilisées comme matières premières pour la fabrication de nettoyants. De plus, nous sommes l'une des nouvelles huiles de mahua séparées en Inde. L'huile de mahua est une huile végétale non palatable sous-utilisée, qui est accessible en quantités énormes en Inde. Les propriétés de carburant du biodiesel de Mahua Oil ont été découvertes dans les restrictions des déterminations de biodiesel de nombreuses nations.

En Inde, on trouve deux types de madhucaindica et de madhucalongifolia, qui peuvent être utilisés efficacement dans les badlands et les terrains secs. Les graines de l'arbre sont généralement connues sous le nom d'arbre à propagation indienne. La gravité particulière de l'huile de mahua était de 9,11% supérieure à celle du diesel. La viscosité cinématique de l'huile de mahua était 15,23 fois plus élevée que celle du diesel à une température de 40°C. L'épaisseur cinématique de l'huile de mahua diminuait considérablement avec l'augmentation de la température à 80°C et en augmentant la quantité de diesel dans les mélanges de carburant.

Fig.4.3(a) Feuilles de Mahua

Fig.4.3(b) Huile de mahua

LA PRÉPARATION DU MÉLANGE

Nous avons utilisé 700 ml de diesel, 200 ml d'huile de mahua et 100 ml d'éther diéthylique, et nous les avons mélangés pour obtenir un mélange homogène dans un bécher.

Type de carburant	Point de hachage Ct)	Fire Point CO	Viscosité cinématique cst à 40= c	Pouvoir calorifique kj/kg	Densité Kgm3	Indice de cétane
diesel	85	63	2.9	42=800	850	52
20ml0dee70d	204	234	2.79cème	36556	818.4	51

CHAPITRE 5

INSTALLATION EXPÉRIMENTALE

5.1 EXPERIMENTALSETUP

L'arrangement à l'essai se présente sous la forme d'instruments à fioritures et d'estimation. Un appareil d'essai à quatre temps de marque Kirloskar à chambre unique, normalement à aspiration, à infusion directe, à moteur diesel refroidi à l'eau de 3,72 kW(5BHP) à 1500 tours/minute, est couplé sans problème à un dynamomètre à écoulement tourbillonnaire. Le moteur et le dynamomètre sont interfacés à un tableau de commande, qui est associé à un PC pour l'enregistrement programmé des perceptions du test, par exemple, le débit de carburant, les températures, le taux de courant du vent, les charges, le débit d'eau, etc. sont estimés. Les informations, par exemple, la température des gaz de fumée, la température du bassin et de la source, le taux d'utilisation du carburant, le taux de courant de vent, la puissance de freinage, la force, la brume de fumée, les UHC, le CO sont enregistrées dans ces conditions.

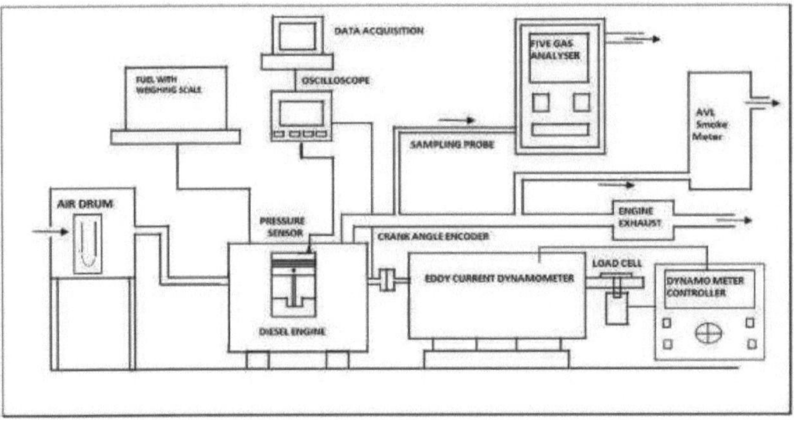

Fig 5.1- Schéma de principe de la configuration du moteur à allumage

commandé avec analyseur de gaz d'échappement et dispositif de chargement

5.1.1 SPÉCIFICATIONS DES MOTEURS DIESEL ET ÉLECTRIQUES DYNAMOMÈTRE

Le moteur choisi pour compléter l'expérimentation est une chambre solitaire, à quatre temps, verticale, refroidie à l'eau, avec moteur CI Texvel à infusion directe. Ce moteur peut supporter des poids plus élevés que ceux expérimentés et est en outre largement utilisé dans les domaines de l'horticulture et de la mécanique. C'est pourquoi ce moteur est choisi pour les essais de transport.

Figure 5.1.1- Installation du moteur du banc d'essai

Ce test expérimental a été réalisé sur un moteur monocylindre à injection directe, refroidi par eau et à allumage par compression. Le moteur est entièrement instrumenté pour mesurer les paramètres de fonctionnement nécessaires.

44

Faire	Kirloskar
Tapez	Moteur diesel 4 temps, monocylindre.
Nombre de cylindres	Un
Bore	SO mm
AVC	110mm
Rapport de compression	16_5:1
Capacité	5H.P
Vitesse	1500 tpm(constant)
Calendrier d'injection	23°BTDC
Type de chargement	Résistance électrique
Dynamomètre	dynamomètre à champ tournant
Refroidissement	refroidissement à l'eau

TABLEAU-2Les spécifications du D.I.Diese1engine

Les moteurs à combustion interne sont largement utilisés dans le secteur automobile, domestique et industriel. Ils sont classés selon le cycle, le nombre de cylindres, la disposition des cylindres, le carburant utilisé, le type d'allumage, la disposition des soupapes, le système de refroidissement. Les bancs d'essai sont utilisés pour déterminer les performances d'un moteur à combustion interne. Ils se composent d'un moteur à combustion interne, d'un dynamomètre, d'un dispositif de mesure du carburant, d'un dispositif de mesure de l'admission d'air et de divers autres dispositifs

5.2 ANALYSEUR DE GAZ D'ÉCHAPPEMENT

L'analyseur de gaz d'échappement vous donne également la possibilité de mesurer l'efficacité des réparations en comparant les relevés avant et après l'échappement. L'équation de la chimie de la combustion :

Carburant (hydrogène, carbone, soufre) + Air (azote, oxygène) = Dioxyde de carbone + vapeur d'eau + oxygène + monoxyde de carbone + hydrocarbure + oxydes d'azote + oxydes de soufre.

Une bonne combustion est tout simplement comme ça :

HC + O ; + N ; = H2O + CO2 +N ;

Une mauvaise combustion se résume à ceci

HC + NOj + Air calme + <u>Lumière du soleil</u> = Smog.

-HC = Hydrocarbures, regroupement des fumées en parties par million (ppm). = Diesel Petrqleium non consommé, désigne la mesure de carburant non consommé en raison d'une inflammation inadéquate laissant des traces dans les fumées. Il s'agit d'une méchanceté vitale. Nous n'en avons pas besoin, alors essayez de la maintenir aussi basse que possible dans ces circonstances. Un lien approximatif entre le niveau de carburant gaspillé à cause d'un allumage défectueux et les ppm d'HC est d'environ 1/200 (1,0 % de carburant consommé à la moitié de la vitesse de croisière produit 200 ppm d'HC. 10%=2000 ppm HC. 0_1%=20 ppm HC)

• CO = Oxyde de carbone, mélange de la vapeur en pourcentage du modèle dur et rapide = Diesel partiellement brûlé, C'est le diesel qui a brûlé, en tout cas pas complètement. Ce gaz est moulé dans les chambres lorsqu'il y a une consommation insuffisante et une abondance de carburant. De la même manière, des substances CO insensées sont le signe fiable d'une préparation de mélange d'une richesse exorbitante. (Le CO aurait dû devenir du CO2 mais n'a pas eu la chance ou suffisamment d'O2 pour finir par être du vrai CO2 ; il est donc drainé sous forme de CO au vu de tout). Le CO est un gaz inodore très toxique

• CO2 = Dioxyde de carbone, centralisation de l'échappement en pourcentage du modèle suprême. Absolutely Burned Petroleium diesel, traite de la qualité du mélange air/carburant dans le moteur (efficacité). Ce gaz offre un indice rapide de la capacité de consommation. Il est généralement 12 % plus élevé à 2500 tours/minute qu'à l'arrêt. Cela est dû à l'amélioration du flux de gaz qui permet une meilleure capacité de consommation. Le plus scandaleux se situe autour de 16%. La nuit, les arbres convertissent le CO2 en oxygène. Protégez-les !

- O2 = Oxygène, centralisation de la vapeur en pourcentage du modèle suprême. L'O2 libre se produit dans l'échappement lorsqu'il y a un excès d'air dans le mélange. La teneur en O2 augmente fortement lorsque le Lambda dépasse 1. Pris avec le CO2 le plus important, le contenu en oxygène est à l'écart de l'avancement du mélange riche vers le mélange pauvre, ou des ruptures dans les structures complexes ou de vapeur ou des insatisfactions de consommation. Dans le cas d'un mélange riche, la majeure partie de l'oxygène est brûlée pendant la consommation. Avec un mélange particulièrement maigre, plus d'O2 s'échappe "sans combustion", ce qui fait monter les niveaux.

-NOx = Oxydes d'azote (Ceci est simplement vu par un analyseur de 5 gaz) Uniquement vu avec un dynamomètre ou un moteur en sous-poids. Les transmissions de NOx augmentent et diminuent dans un guide contraire aux épanchements de HC. Comme le mélange s'avère plus fin, une mesure plus remarquable des HC est brûlée. De toute façon, à des températures et des charges élevées (en dessous du poids) dans la chambre de consommation, il y aura un excès de particules d'O2 qui s'associeront à l'azote pour former des NOx. Les NOx augmentent au début de la planification, en faisant peu de cas des assortiments en A/F. Ce gaz est lié aux systèmes de détoxication des gaz d'échappement (identifiés par Co et HC), aux structures de transport des gaz de vapeur. Ces systèmes ramènent un peu de la vapeur torride (traitée) dans le moteur pour être brûlée à nouveau. Cette fois-ci, ce gaz ne contient pas de particules supplémentaires d'O2 et contrecarre les températures de consommation élevées et l'augmentation des émissions de NOx

l'avancement. Le NOx est un gaz mortel très dangereux et un poison pour l'air !

Fig 5.2 Analyseur de gaz

-A/F ou Lambda = rapport air/carburant calculé ou considération Lambda sous réserve de la

Les obsessions des HC, CO, CO2 et O2. Revoir l'idéal (stoechiométrique) A/F est de 14,7 litres d'air pour 1 litre de carburant ou 14,7/1. Le rapport Lambda idéal est de 1(un) en dessous du fait que le mélange A/F est riche ou plus pauvre. Par exemple, lambda=0,8 pense à un rapport air/carburant de (0,8x14,7):1=11,76:1 (par exemple lambda 0,8 = rapport A/F de 11,76/1 ou mélange air/carburant riche)

5.2.1 ROTAMÈTRE

Un rotamètre est un appareil qui évalue le mouvement du fluide dans une chambre fermée. Au moment même où le fluide ou le gaz s'écoule dans un tube de forme contenant un flotteur, une différence de poids de P1 et P2 est faite entre les côtés supérieur et inférieur du flotteur. Le flotteur se déplace vers le haut par une force obtenue en augmentant la différence de poids de la meilleure section transversale du flotteur. En raison du tube fixe, lorsque le flotteur se déplace vers le haut, la surface de passage du fluide augmente, ce qui a pour conséquence de réduire la différence de poids. L'amélioration du flotteur vers le haut s'arrête lorsque le poids mort est intensément modifié par le poids différentiel. La fixation du tube de mesure est prévue de telle sorte que l'avancement vertical du flotteur est directement comparable au mouvement du courant et que la balance est donnée pour examiner la circonstance du flotteur, en fournissant de manière appropriée le signe du débit du courant. Compte tenu de la spéculation de Bernoulli, la norme mentionnée ci-dessus peut être exprimée de la manière suivante.

CHAPITRE-6

OBSERVATIONS

6.1 PROCÉDURE

L'examen a été effectué d'emblée avec un cylindre standard avec du diesel. Ensuite, un cylindre toroïdal avec des dépressions digressives est installé dans le moteur, puis on essaie de le recharger avec du diesel et un mélange d'huile Mahua. Les moyens utilisés sont décrits ci-dessous :

• Tout d'abord, le diesel a été rempli dans un réservoir de carburant.

• Après avoir réglé l'eau de manière flexible, le courant d'eau de refroidissement et de calorimètre a été réglé à 250 LPH et 150 LPH séparément.

• Toutes les associations électriques ont été vérifiées de manière appropriée et l'arme électrique a ensuite été mise en service.

• Ensuite, la valve de la Burette a été ouverte pour permettre au moteur diesel de fonctionner de manière flexible.

• Puis le moteur a été retourné et a fonctionné pendant quelques instants sans aucune condition d'entassement.

• Tous les relevés sont des relevés de vitesse, de charge, de manomètre, de temps d'utilisation de 10 cm3 de carburant, de température, de tension et de courant.

• Le moteur est empilé avec 25 dès le départ.

• Les mêmes avancées ont été réitérées pour les différentes charges.

• Tous les relevés ont été épargnés et, par la suite, la même stratégie a été appliquée pour les dépressions étrangères au TCC avec du diesel et un mélange d'acajou.

• Après avoir constaté que tous les relevés avaient été faits, le moteur a été mis hors d'état de marche et, après cela, le carburant a été arrêté de manière souple après un certain temps.

Procédure expérimentale pour l'analyse des gaz d'échappement

• Des capteurs ont été insérés dans la sortie prévue pour les gaz d'échappement pour la condition de charge requise.

• L'analyseur était fixé à la sortie d'échappement et les gaz d'échappement étaient transmis à l'analyseur avec l'aide de capteurs.

• Après cela, les lectures affichées sur l'écran numérique de l'analyseur ont été notées.

• La valeur moyenne de ces lectures a été calculée.

• Ensuite, les capteurs ont été retirés.

Les étapes ci-dessus sont répétées pour différents combustibles et différentes conditions de charge.

6.1.1 PARAMÈTRES DE PERFORMANCE

La performance du moteur est une indication du degré de réussite du moteur dans l'accomplissement de la tâche qui lui est assignée, c'est-à-dire la conversion de l'énergie chimique contenue dans le carburant en travail mécanique utile. La performance d'un moteur est évaluée sur la base des éléments suivants :

(a) BrakePower

(b) Rupture de l'efficacité thermique

(c) Consommation spécifique de carburant

(d) Efficacité mécanique

(e) VolumetricEfficiency

(f) Fumée d'échappement et autres émissions

6.2 CALCULS

1. Puissance de rupture (BHP) = (V*I)/ (Eff of gen* 1000)

Où V= tension en volts

I = charge sur le moteur en ampères Rendement du générateur de courant continu =0,9

2. Consommation totale de carburant (TFCJ^Carburant mesuré (10cc)*sp gravité*3600 Temps pris en secondes*1000

3. Puissance indiquée = BP +FP
4. Décharge effective = Cd * A *(2gH)1/2

Où Cd = coefficient de décharge = 0,65

A = Surface de la section de l'orifice = nd2/4

d = diamètre de l'orifice = 0,02M

H = lecture du manomètre en mètres dans l'air = (10*hw)/densité de l'air

hw = colonne d'eau en mètres.

Densité de l'air (pa) = pression atmosphérique. (R*T) pa = pa * 10/ (29,27*(273+T)

5. Décharge théorique = (n/4 * D2 *L*N/2)/60

Où D = diamètre du cylindre en mètres = 0,08m

L = longueur de la course = 0,11m

N = vitesse en R.P.M = 1500 tr/min

6. Efficacité mécanique =BP/IP

7. Efficacité volumétrique = Qact/Qthe

8. Efficacité thermique des freins = BP/ (TFC*CV)

9. Efficacité thermique indiquée = IP/ (TFC *CV)

10. Rapport air/carburant (A/F) =(W/TFC)*3600

Où poids de l'air aspiré (W) = densité de l'air *Qact TFC = consommation totale de carburant

6.2.1 VALEURS

ÍL non	Spee d	LOA D	Les relevés des manomètres		Temps nécessaire pour 1Occ	températures						volta Ee	AM PS
			Hl	H2		T1	T2	T3	T4	T5	T6		
1	1536	50	20	29	51.5	67	73	76	400	43	43	241	168
2	1356	75	21	29.5	35.8	66	43	41	500	43	43	243	300
3	1240	100	22	28	33.25	68	41	40	538	43	43	244	476
4	1560	25	21	29	50	40	40	40	150	41	43	240	0
5	1480	50	20	30	34.3	37	45	40	211	41	43	248	160
6	1400	75	19	31	32.5	39	51	39	257	40	44	260	230
7	1300	100	17	31.5	30.2	38	57	38	302	42	45	280	310
8	1480	25	21.5	29.5	48	40	40	40	160	56	40	230	0
9	1400	50	20.5	31.5	33	36	44	39	220	58	41	260	170
10	1300	75	18.5	32.5	31	38	50	40	270'	58	42	270	288
11	1260	100	17.1	33.5	29	37	55	39	320	58	42	280	468

T

Tableau 3 - Valeurs

S.NO	Piston	Chargeme nt en	BP	ITE	SFC	MECH EFFI	VOL FEP	BTE
1	HCC - Diesel	50	1.674	20.88	0.36	61.00	83.4	12.73
2	HCC - Diesel	75	2.196	36.1	0.40	66.62	88.9	24.05
3	HCC - Diesel	100	2.315	46.14	0.41	71.90	91.1	27.4
4	TCC - Rainures tangentielles Diesel	25	1.098	17.23	0.57	49.95	73.7	8.6
5	TCC - Rainures tangentielles Diesel	50	1.627	31.16	0.56	59.66	82.2	18.59
6	TCC - Rainures tangentielles Diesel	75	2.205	39.85	0.44	66.71	89.6	26.58
7	TCC - Rainures tangentielles Diesel	100	2.616	45.58	0.40	71.71	92.1	31.31

8	TCC - Biodiesel à cannelures tangentielles	25	1.057	77.29	0.62	49.00	79.3	8.62
9	TCC - Biodiesel à cannelures tangentielles	50	1.572	31.73	0.61	58.83	83.3	18.66
10	TCC - Biodiesel à cannelures tangentielles	75	2.196	41.66	0.46	66.62	88.4	26.54
11	TCC - Biodiesel à cannelures tangentielles	100	2.413	51.56	0.45	68.68	87.5	29.87

Tableau 4 - Paramètres de performance

S.NO	Piston	NOx	HC	CO	CO2
1	HCC - Diesel	468	22	0.02	2.9
2	HCC - Diesel	648	20	0.03	3.8
3	HCC - Diesel	782	26	0.04	5
4	TCC - Rainures tangentielles	263	23	0.03	2
5	TCC - Rainures tangentielles	326	29	0.04	2.5
6	TCC - Rainures tangentielles	403	27	0.043	3.2
7	TCC - Rainures tangentielles	702	23	0.05	4.1
8	TCC - Biodiesel à cannelures tangentielles	205	21	0.023	2.4
9	TCC - Biodiesel à cannelures tangentielles	378	26	0.031	3.5
10	TCC - Biodiesel à cannelures tangentielles	452	24	0.041	4.5
11	TCC - Biodiesel à cannelures tangentielles	679	27	0.053	5.3

Tableau 5 - Paramètres d'émission

CHAPITRE-7

RÉSULTAT ET DÉSILLUSION

7.1PARAMÈTRES DE PERFORMANCE

La performance du moteur est une indication du degré de réussite du moteur dans l'accomplissement de la tâche qui lui est assignée, c'est-à-dire la conversion de l'énergie chimique contenue dans le carburant en travail mécanique utile. La performance d'un moteur est évaluée sur la base des éléments suivants :

Puissance de freinage :

La puissance de rupture d'un moteur à allumage commandé est la puissance disponible au niveau du vilebrequin. Le pouvoir de coupure d'un moteur à allumage par compression est généralement mesuré au moyen d'un mécanisme de coupure.

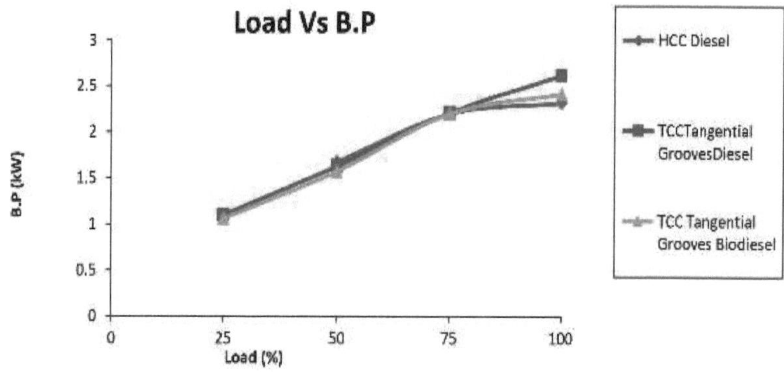

La variation du point d'ébullition du moteur avec la cuvette toroïdale du piston et les rainures tangentielles en utilisant du diesel et un mélange de

20% d'huile de mahua avec un additif d'éther diéthylique 10%, et 70% de diesel.

- Il montre qu'à 75 % et à pleine charge, le point d'ébullition du TCC Diesel est plus élevé que celui du HCC Diesel et du TCC Biodiesel et que celui du TCC Biodiesel est plus élevé que celui du HCCdiesel.
- Dans des conditions de pleine charge, le pouvoir de coupure du HCC Diesel, du TCC Tangential grooves diesel et du TCC Tangential grooves biodiesel était respectivement de 2,315, 2,616 et 2,413

ROMPRE L'EFFICACITÉ THERMIQUE :

Le pouvoir de coupure d'un moteur thermique est fonction de l'apport thermique du carburant. Il est utilisé pour vérifier dans quelle mesure une énergie se transforme en chaleur à partir d'un carburant en énergie mécanique.

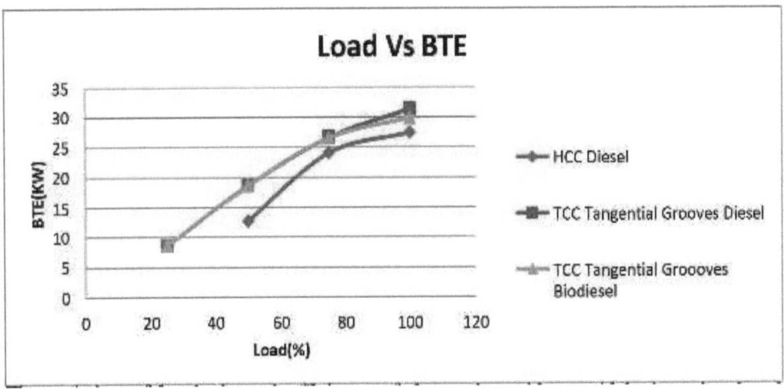

La variation de l'efficacité thermique de rupture du moteur avec la cuvette toroïdale du piston et les rainures tangentielles en utilisant le diesel et le mélange de 20% d'huile de Mahua avec l'éther diéthylique additif 10%, et 70% de diesel.

À pleine charge, l'efficacité thermique de rupture du diesel HCC, du diesel TCC à rainures tangentielles et du biodiesel TCC à rainures tangentielles s'est avérée être de 27,4, 31,31 et 29,87. On a constaté une augmentation de 8,2 % du BTE avec le diesel TCC à rainures tangentielles par rapport au HCCdiesel Le BTE a diminué de 4,2 % avec le biodiesel TCC Tangential grooves que le TCC Tangential groovesdiesel.

SPECIFIC FUEL CONSUMPTION

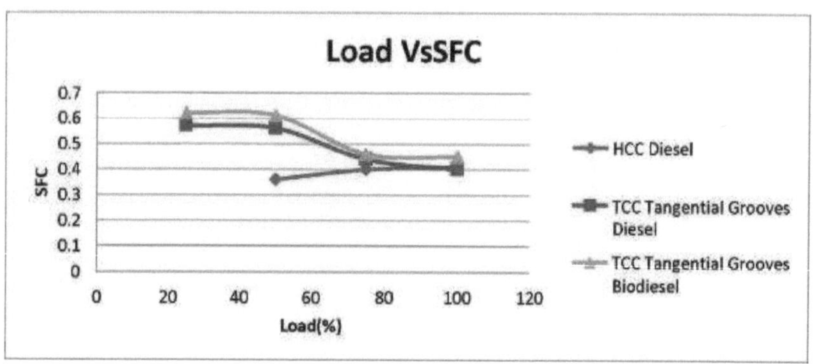

L'EFFICACITÉ MÉCANIQUE :

la mesure de l'efficacité d'une machine à transformer l'énergie et la puissance qui lui sont fournies en force de sortie et en mouvement.

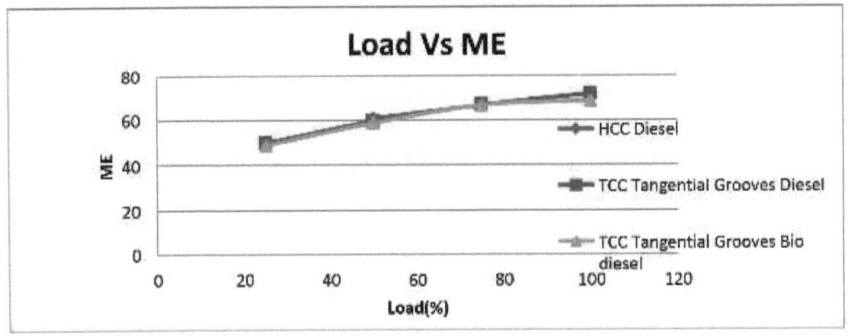

- La variation de l'efficacité mécanique du moteur avec la cuvette toroïdale du piston et les rainures tangentielles en utilisant du diesel et un mélange de 20% d'huile de Mahua avec un additif d'éther diéthylique 10%, et 70% de diesel. Le diesel à rainures tangentielles TCC et le biodiesel à rainures tangentielles TCC sont supérieurs au diesel HCC.

L'EFFICACITÉ VOLUMÉTRIQUE :

Ratio of the volume of fluid is displaced by a piston to swept volume .

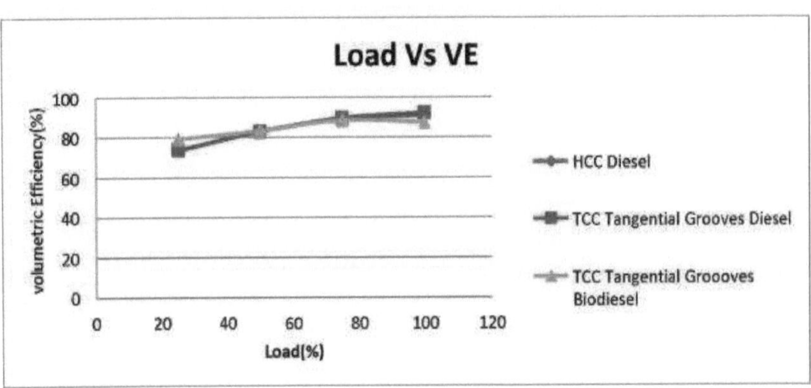

- La variation de l'efficacité volumétrique du moteur avec la cuvette toroïdale du piston et les rainures tangentielles en utilisant du diesel et un mélange de 20% d'huile de Mahua avec un additif d'éther diéthylique 10%, et 70% de diesel. Le diesel à rainures tangentielles TCC et le biodiesel à rainures tangentielles TCC sont supérieurs au diesel HCC.

61

Oxydes d'azote (NOx)

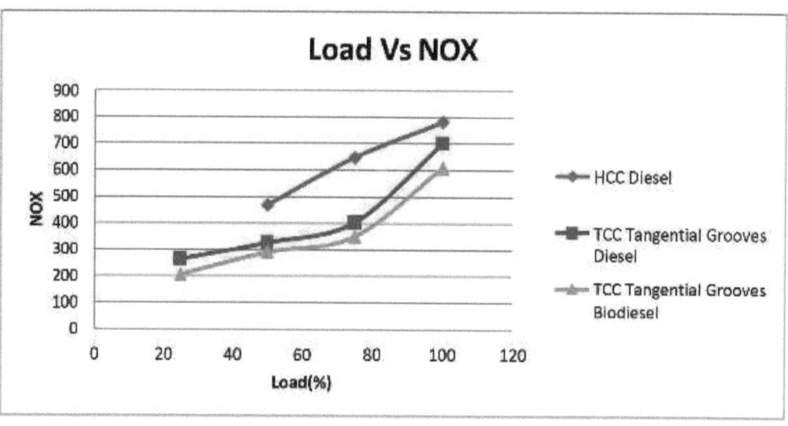

- La variation de l'efficacité volumétrique du moteur avec la cuvette toroïdale du piston et les rainures tangentielles en utilisant du diesel et un mélange de 20% d'huile de Mahua avec un additif d'éther diéthylique 10%, et 70% de diesel. Le diesel à rainures tangentielles TCC et le biodiesel à rainures tangentielles TCC sont moins performants que le diesel HCC.

- On observe que les émissions de NOx sont réduites de 10,5% pour le biodiesel TCC à rainures tangentielles par rapport au diesel HCC et de 5% pour le diesel TCC à rainures tangentielles par rapport au diesel HCC.

- Les émissions de NOx sont réduites pour le biodiesel TCC Tangential grooves en raison de l'ajout de diéthyl éther inbiodiesel

Hydrocarbures(HC)

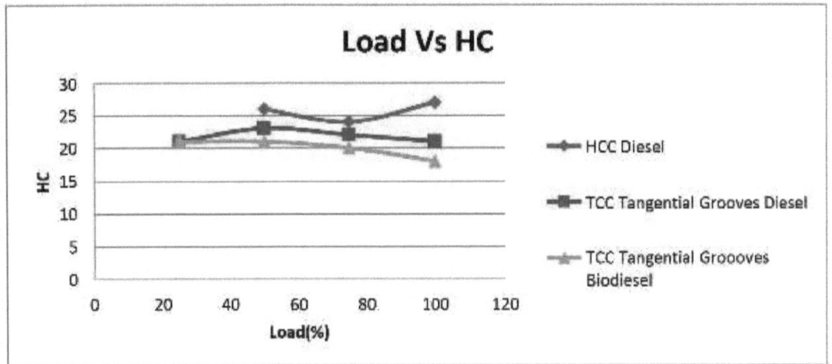

- À pleine charge, les émissions de HC sont réduites de 8 % pour le TCCbiodiesel et de 5 % pour le diesel TCCtangentiel par rapport au diesel HCC.

OXYDE DE CARBONE(CO)

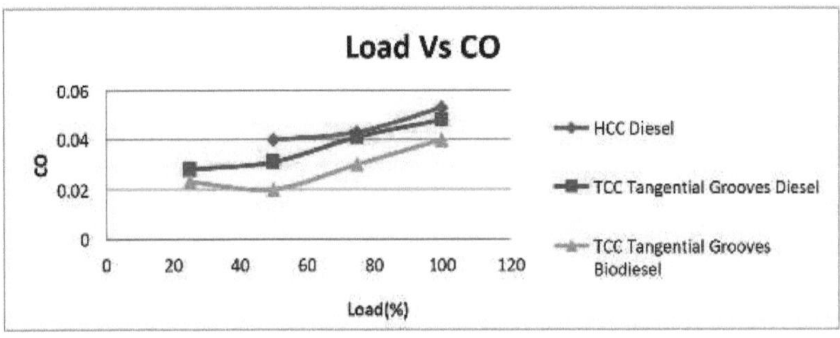

- À pleine charge, les émissions de CO sont réduites pour le biodiesel TCC étaient inférieures à celles du diesel HCC et le diesel TCC à rainures tangentielles était réduit par rapport au diesel HCC.

DIOXYDE DE CARBONE(CO2)

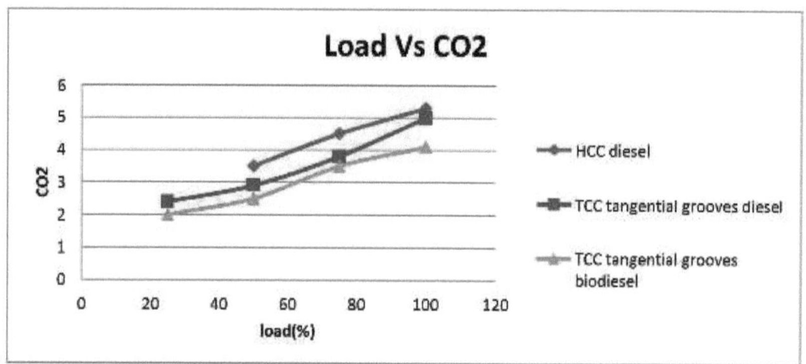

- À pleine charge, les émissions de CO2 sont réduites pour le biodiesel TCC étaient inférieures à celles du HCC et du diesel et le diesel TCC à rainures tangentielles était réduit par rapport au diesel HCC.

CHAPITRE 8

CONCLUSION ET PORTÉE FUTURE

8.1 CONCLUSION

- La géométrie du piston est modifiée par un piston à bol torique et des rainures tangentielles pour induire une charge de turbulence dans la chambre de combustion.
- À pleine charge, l'efficacité thermique de rupture du diesel HCC, du diesel TCC à rainures tangentielles et du biodiesel TCC à rainures tangentielles s'est avérée être de 27,4, 31,31 et 29,87.
- Il y a eu une augmentation de 8,2% BTE avec TCC Diesel à cannelures tangentielles par rapport au HCCdiesel
- Le BTE a diminué de 4,2 % avec le biodiesel TCC Tangential grooves que le TCC Tangential groovesdiesel.
- On observe que les émissions de NOx sont réduites de 10,5 % pour le biodiesel à sillons tangentiels TCC par rapport au diesel HCC et au diesel à sillons tangentiels TCC.
- Les émissions d'HC ont augmenté de 12 % par rapport au diesel et au biodiesel TCC.
- À pleine charge, les émissions de HC ont diminué de 9,2 % pour le diesel TCC, ce qui est inférieur au diesel HCC et au biodiesel TCCtangentiel.

8.2 FUTURESCOPE

- Une analyse approfondie de l'usure des outils peut être tentée. On peut ainsi établir la relation entre l'usure des outils et la rugosité de la surface.
- L'étude du mécanisme d'usure des outils permet de comprendre l'interaction bimétallique avec l'outil CBN pendant l'usinage.
- Le revêtement de l'insert pourrait être réalisé par électrodéposition au lieu de trempage.
- Une étude plus approfondie devrait être réalisée en modifiant la dimension ou la forme de l'insert afin d'obtenir une meilleure adhérence.

CHAPITRE 9

RÉFÉRENCES

[1] E. Ramjee et K. Vijaya Kumar Reddy, "Execution investigation of a 4-stroke SI motor utilizing CNG as an elective fuel", Indian Journal of Science and Technology, Vol. 4, No. 7, July2011.

[2] WilfriedWunderlich et Morihito Hayashi, "Warm cyclic weakness examination of three aluminum cylinder composites", International Journal of Material and Mechanical Engineering, juin2012.

[3] Dallwoo Kim, Akemi Ito et.al, "Grating attributes of steel cylinders for diesel motors", Journal of Materials Research and Technology, juin 2012.

[4] Piotr Szurgott et Tadeusz Niezgoda, "Thermo mechanical FE investigation of the motor cylinder made of composite material with low hysteresis" Journal of KONES Powertrain and Transport, Vol. 18, No. 1,2011.

[5] V. B. Bhandari, "Plan of Machine Elements", troisième édition, McGrawHill.

[6] F. S. Silva, "Fatigue on motor cylinders - A Compendium of contextual investigations", Département de génie mécanique, Université du Minho, Portugal, Engineering Failure Analysis 13 (2006)480-492.

[7] Praful R. Sakharkar , Avinash M. Wankhade "Warm Analysis of IC Engine Piston Using FEA" International Journal of Engineering Science and Technology (IJEST), Vol. 5 No.05S May 2013, ISSN : 0975-5462 Vol.5,PP-75-77.

[8] Vinod Yadav et Dr.D.N.Mittal "Plan and Analysis of Piston Design for 4

Stroke Hero Bike Engine" International Journal of Engineering Innovation and Research ,Volume 2, Issue 2, ISSN : 2277 -5668,PP.148-150

[9] Francis Uchenna OZIOKO" Casting of Motorcycle Piston from Aluminum Piston Scrap using Metallic Mold" Leonardo Electronic Journal of Practices and Technologies, Issue 21, July-December 2012,ISSN 1583-1078, p.82-92

Buy your books fast and straightforward online - at one of world's fastest growing online book stores! Environmentally sound due to Print-on-Demand technologies.

Buy your books online at
www.morebooks.shop

Achetez vos livres en ligne, vite et bien, sur l'une des librairies en ligne les plus performantes au monde!
En protégeant nos ressources et notre environnement grâce à l'impression à la demande.

La librairie en ligne pour acheter plus vite
www.morebooks.shop

KS OmniScriptum Publishing
Brivibas gatve 197
LV-1039 Riga, Latvia
Telefax: +371 686 204 55

info@omniscriptum.com
www.omniscriptum.com

Printed by Books on Demand GmbH, Norderstedt / Germany